EDITIONS
TIME
LIFE

LA BONNE CUISINE SANTÉ
LE MONDE DES ORDINATEURS
LES MONDES ENCHANTÉS
PEUPLES ET NATIONS
L'ENCYCLOPÉDIE TIME-LIFE DU BRICOLAGE
CLASSIQUES DE L'EXPLORATION
LA PLANÈTE TERRE
PEUPLES EN PÉRIL
LA CONQUÊTE DU CIEL
LA DEUXIÈME GUERRE MONDIALE
LA GRANDE AVENTURE DE LA MER
CUISINER MIEUX
L'ENCYCLOPÉDIE TIME-LIFE DU JARDINAGE
LE FAR WEST
LES GRANDES CITÉS
LES GRANDES ÉTENDUES SAUVAGES
LES ORIGINES DE L'HOMME
LIFE LA PHOTOGRAPHIE
TIME-LIFE LE MONDE DES ARTS
LES GRANDES ÉPOQUES DE L'HOMME
LIFE LE MONDE DES SCIENCES
LIFE LE MONDE VIVANT
LIFE DANS L'ESPACE
LE GRAND LIVRE DU BATEAU
LE GRAND LIVRE DE LA PHOTOGRAPHIE
LA GUERRE VUE PAR LIFE
LIFE À HOLLYWOOD
VU PAR LIFE

Couverture
Sous les rayons du couchant, un champ de lave sur une île de l'archipel des Canaries révèle ses origines ignées. La lave a jailli d'une de ces sources de magma profond, appelées points chauds, qui jouent un rôle important dans les processus sans fin qui remodèlent notre planète.

Ce volume fait partie d'une collection qui décrit les mécanismes de la planète Terre, depuis les prodiges géologiques de ses continents jusqu'aux merveilles de son atmosphère et de ses océans.

La Planète Terre

LA DÉRIVE DES CONTINENTS

par Russell Miller
par les rédacteurs des Éditions Time-Life

Éditions Time-Life, Amsterdam

LA PLANÈTE TERRE

Directeur de la collection: Thomas A. Lewis
Chef maquettiste: Donald Komai
Chef documentaliste: Pat S. Good

Équipe éditoriale pour *La Dérive des continents*
Réalisateurs: Russell B. Adams Jr. (texte); Peggy Sawyer Seagrave (iconographie)
Secrétaire de rédaction: Anne Horan
Rédacteurs: Tim Appenzeller, Adrienne George, Stephen G. Hyslop, John Newton
Documentalistes: Kristin Baker, Megan Barnett et Feroline Burrage, Elizabeth B. Friedberg, Robert Kachur, Stephanie Lewis
Assistante maquettiste: Susan K. White
Coordination du texte: Victoria Lee, Bobie C. Paradise
Coordination de l'iconographie: Donna Quaresima
Assistantes de rédaction: Caroline A. Boubin, Annette T. Wilkerson

Correspondants: Elisabeth Kraemer (Bonn); Margot Hapgood, Dorothy Bacon (Londres); Miriam Hsia, Lucy T. Voulgaris (New York); Maria Vincenza Aloisi, Joséphine du Brusle (Paris); Ann Natanson (Rome). Avec les concours de: Helga Kohl (Bonn); Robert W. Bone (Honolulu); Cheryl Crooks (Los Angeles); Judy Aspinall, Millicent Trowbridge (Londres); Christina Lieberman (New York); Bogi Agustsson (Reykjavik); Mimi Murphy, Ann Wise (Rome); Kasuko Yamazaki (Tokyo).

ÉDITION FRANÇAISE:
Direction: Monique Poublan, Michèle Le Baube
Secrétariat de rédaction: Anna Skowronsky, François Lévy, Nouchka Pathé
Traduit de l'anglais par:
Marcel et Madeleine Bougaran
Conseiller technique: Jean-Christophe Sabroux

Titre original: *Continents in collision*

ISBN 2-7344-01932

L'AUTEUR

Russell Miller, journaliste anglais, indépendant, écrit souvent pour *The Sunday Times* à Londres. Il est l'auteur de trois autres ouvrages pour les éditions Time-Life: *La Résistance* et *The Commandos* dans la collection *La Deuxième Guerre mondiale* et *La Route des Indes* dans la collection *La Grande Aventure de la mer.*

LES CONSEILLERS

Tanya Atwater est professeur de géophysique à l'université de Santa Barbara en Californie. Elle a écrit de nombreux articles et un manuel sur la tectonique des plaques. Elle est membre de «The Geological Society of America» ainsi que du «Public Advisory Committee» sur le droit de la mer du département d'État américain. Elle a effectué à bord du sous-marin *Alvin* de nombreuses plongées sous-marines et même dirigé l'une d'elles.

Jean-Christophe Sabroux, diplômé de l'École Centrale des Arts et Manufactures, s'est spécialisé dans la chimie de l'atmosphère avant de se consacrer, depuis 1975, à l'étude de l'activité et des éruptions volcaniques. Il est ingénieur au Centre des Faibles Radioactivités du Centre National de la Recherche Scientifique.

TABLE DES MATIÈRES

LA SOLUTION D'UNE ENIGME

Les montagnes, le plus spectaculaire résultat des processus géologiques qui façonnent la croûte terrestre, demeurèrent pendant des siècles une énigme pour les hommes de science. Les savants s'acharnèrent longtemps à découvrir les forces qui avaient pu — avec autant de puissance — déformer la surface de la terre. Et leurs recherches les mirent en présence d'un grand nombre d'autres phénomènes mystérieux: les éruptions volcaniques qui font voler en éclats certains sommets; le fait que les montagnes ne s'élèvent pas au hasard mais forment de longues et étroites ceintures; enfin la présence d'animaux marins fossilisés sur les hautes pentes alpines permettant de penser que certaines montagnes ont pu surgir du fond des mers aux premiers âges de la terre.

Jusqu'en 1962, les montagnes gardèrent jalousement le secret de leurs origines et certains géologues désespéraient d'en trouver un jour l'explication. Depuis lors une nouvelle conception révolutionnaire du globe terrestre se développa et les montagnes, avec tous les mystères qui s'y associaient, commencèrent à prendre leur véritable signification. Cette compréhension nouvelle d'une terre en activité, formulée dans une théorie connue sous le nom de tectonique des plaques, fut en fait la synthèse de travaux portant sur différents sujets: études de la répartition des fossiles, mesures du magnétisme des sédiments révélant la position des pôles magnétiques aux époques lointaines, et examen détaillé du fond des océans. Ce fut pourtant une chaîne montagneuse jusque-là totalement inconnue qui apporta à cette hypothèse sa confirmation la plus éclatante: la ligne de crête de 60000 km qui se déroule au fond des océans.

Considérées sous l'angle de la tectonique des plaques, les montagnes sont la manifestation visible du déplacement extrêmement lent de grandes plaques lithosphériques. Non seulement ce lent processus à travers les temps provoque — avec une force inimaginable — des collisions de pans entiers de croûte terrestre qui soulèvent les montagnes, mais il crée également ou détruit des océans tandis qu'il brise ou déforme des continents.

Le soleil illumine les pentes du mont Huttington, en Alaska. Haut de 3718 mètres il a été formé lors d'une rencontre titanesque entre les blocs de croûte supportant, l'un, l'Amérique du Nord, l'autre, le fond de l'océan Pacifique.

Enchâssées dans le marbre, des coquilles de mollusques fossiles, appelés ammonites, forment une mosaïque. Cette présence de la vie marine dans les hautes montagnes était une énigme pour ceux qui les premiers étudièrent l'histoire de la terre.

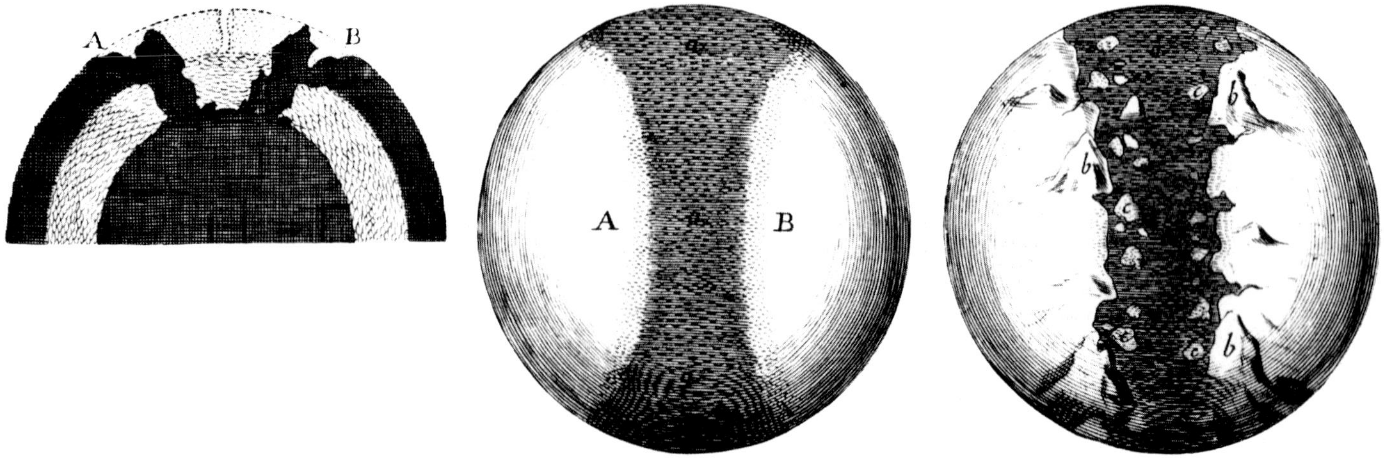

Dans son ouvrage édité en 1684, *Sacred Theory of the Earth,* dont ces illustrations sont tirées, Thomas Burnet attribuait la topographie de la terre à l'action du déluge biblique. Selon son scénario, une portion de la surface terrestre s'étant fracturée *(à gauche),* les eaux souterraines s'en échappèrent et inondèrent l'ensemble du globe. Puis les eaux refluèrent vers la fracture béante pour former les océans *(au centre);* enfin ceux-ci se retirèrent suffisamment pour laisser apparaître les côtes, bordées d'îles, des continents *(ci-dessus).*

recouvrait une couche d'eau. La chaleur du soleil, expliquait-il, avait ouvert dans la croûte terrestre de profondes fissures à travers lesquelles les eaux firent irruption lorsque la colère de Dieu s'abattit sur la terre. Celle-ci s'effondra en blocs énormes dont certains surnagèrent pour former les montagnes et les continents tandis que les autres s'abîmaient dans les profondeurs pour devenir le fond des océans. Le paysage terrestre, qui n'était plus qu'un amas de ruines, n'avait pas subi depuis lors de changement sensible.

En dépit de la prodigieuse agilité mentale d'hommes comme Burnet et Steno, plus les savants observaient le monde, plus s'imposait à eux l'évidence d'une continuelle évolution, qui leur rendait difficile de feindre l'adhésion à l'idée d'une planète immuable. Finalement, au milieu du XVIIIe siècle, un des grands naturalistes français s'opposa hardiment à la doctrine de l'Église et proposa une nouvelle vision cosmique. Georges Louis Leclerc, comte de Buffon, suggéra que la terre à l'origine devait être une masse chauffée à blanc arrachée au soleil par quelque force astronomique, la lune ayant été, à son tour, détachée de la terre. A mesure que la terre se refroidissait, les océans s'étaient peu à peu écoulés dans de profondes fissures souterraines, laissant lentement apparaître les continents. Il était incontestable, écrivait-il, que les continents avaient constitué le fond de la mer, car on découvre en tous lieux des débris provenant des océans.

Les théories de Buffon furent jugées si hérétiques par les théologiens de la Sorbonne qu'il fut contraint de s'engager à ne pas les publier. Trente ans plus tard il revint sur cette promesse et exposa ses idées dans sa célèbre *Histoire naturelle.* Ses conclusions sur la formation de la terre et du système solaire furent bientôt rejetées, mais en les publiant il avait ouvert l'accès à une recherche rationnelle, libérée de toute entrave. Quelque part dans son œuvre Buffon expliquait que l'Irlande et l'Amérique avaient dû être reliées jadis, peut-être par l'imaginaire Atlantide, continent perdu, car « on trouve en Irlande les mêmes fossiles, les mêmes coquillages que l'on découvre en Amérique et certains n'existent nulle part ailleurs en Europe ». Cette incidente devait survivre à sa doctrine fondamentale.

En 1782, après avoir participé à l'élaboration de la déclaration d'Indépendance et de la Constitution des États-Unis, Franklin exposa lui aussi ses vues sur la nature de la terre. Il avait remarqué la présence de « coquilles d'huîtres mêlées aux pierres » sur une montagne du comté de Derby en Angleterre et, s'étant demandé comment elles avaient pu parvenir en ce point élevé, il avait conclu à une manifestation caractéristique d'un phénomène originel et permanent. La croûte de la terre, disait-il, doit être une coquille flottant sur un fluide interne ; « de sorte que la surface du globe pourrait être brisée et bouleversée par les mouvements violents du fluide sur lequel elle repose. » Cette idée étonnante ne serait comprise que par les générations suivantes.

Vers la fin du XVIIIe siècle, les opposants à la doctrine biblique du cataclysme trouvèrent un nouvel allié en la personne du docteur James Hutton, naturaliste et fermier qui sera considéré plus tard comme le «fondateur de la géologie moderne». Hutton entreprit de déterminer le temps écoulé depuis que la terre existait en tant que «monde habitable», l'évolution physique qu'elle avait subie, et d'établir des prévisions pour l'avenir. A partir de ses observations sur les formations rocheuses de son Écosse natale, il déduisit que la terre continuait à se former et à évoluer suivant des processus naturels — accumulation, érosion, échauffement et plissement — qui s'étaient produits, en général, de la même manière durant un grand nombre de périodes géologiques. Depuis les champs d'orge de sa ferme du comté de Berwick, Hutton avait observé les ruisseaux affouillant les collines et transportant des sédiments jusqu'à la mer, et il était arrivé à penser que les «vieux continents étaient peu à peu rongés et que de nouveaux se formaient au fond des profondeurs marines».

L'histoire et l'avenir de la terre, déclarait Hutton, peuvent être compris non par une interprétation littéraire de la Genèse, mais en examinant les processus naturels, les «causes réelles» des phénomènes géologiques. «Il ne faut imaginer sur notre globe aucune force qui ne soit naturelle, n'admettre aucune intervention sauf celles dont nous connaissons le principe, et ne pas expliquer un phénomène ordinaire par un phénomène extraordinaire.»

L'une des plus remarquables qualités de la théorie de Hutton était son intelligence de l'immensité des temps géologiques. Pour la nature, écrivait-il, le temps est «sans fin et semble ne pas compter». Alors que les savants cherchaient à esquisser la longue histoire de la planète, il observait: «Nous entrons ici dans une durée au delà de laquelle nous ne pouvons plus rien apercevoir.» Et, pour Hutton, ceci ne signifiait pas qu'on avait déterminé le début des temps mais qu'on avait atteint les limites de la compréhension humaine. La fin possible du monde échappait de même à la connaissance de l'homme. Cette déclaration avait de quoi stupéfier à une époque où beaucoup s'en tenaient encore aux chronologies de l'évêque Ussher.

Sur cette caricature du XVIIIe siècle, le géologue écossais James Hutton sonde la paroi d'une falaise, à la recherche d'indices à l'appui de ses idées sur les processus géologiques. Les profils menaçants sculptés représentent peut-être les nombreux détracteurs de sa théorie.

Les idées de Hutton eurent d'abord une diffusion restreinte; puis, en 1805, John Playfair, son biographe, publia *Illustration of the Huttonian Theory of the Earth;* le style souvent pesant de Hutton y était allégé, ce qui rendait ses théories plus accessibles. L'idée suivant laquelle les phénomènes géologiques devaient trouver leur explication en accord strict avec la description biblique de la création était rejetée par Hutton avec des arguments si convaincants qu'ils impressionnèrent de plus en plus de lecteurs. Les théories d'avant-garde du géologue écossais exercèrent ainsi une influence libératrice sur les sciences de la terre encore balbutiantes; le débat entre les tenants du dogme et les scientifiques avait dominé trois siècles de recherche, durant lesquels la connaissance générale de la planète n'avait nullement progressé. La question fondamentale qui avait intrigué Aristote — pourquoi trouvait-on à terre des fossiles marins? — demeurait sans réponse. Et tandis qu'ils poursuivaient leurs travaux en mettant à profit leur nouvelle liberté, des chercheurs comme le naturaliste et explorateur allemand Alexandre von Humboldt ne parvenaient guère qu'à poser des questions nouvelles.

Humboldt, l'un des derniers grands érudits, étudiait la répartition géographique des plantes et les causes des averses de météores avec une égale curiosité. Ses exploits d'explorateur en firent aussi un héros populaire. En 1799, il appareilla pour l'Amérique du Sud avec le botaniste français Aimé Bonpland et débarqua sur une côte de l'actuel Venezuela. Pendant cinq ans, Humboldt et son compagnon parcoururent la région et accumulèrent une masse d'informations sur la géologie, la météorologie, la vie des plantes et des animaux, constituant ce qu'on a appelé « la découverte scientifique de l'Amérique ». Humboldt avait une vision d'ensemble des composants de la planète et, pendant cette expédition, il réalisa que les analogies entre les côtes de l'Afrique et les côtes de l'Amérique allaient bien au delà de la similitude de leur tracé : plusieurs chaînes de montagnes parallèles à l'équateur semblaient s'arrêter sur la côte est de l'Amérique du Sud pour repartir de la côte ouest de l'Afrique, et il existait des ressemblances frappantes entre les couches géologiques des deux continents. Les montagnes du Brésil, par exemple, avaient les mêmes caractéristiques que celles du Congo ; la grande plaine de l'Amazone se trouvait vis-à-vis des plaines géologiquement identiques qui bordent le golfe de Guinée. Humboldt observa en outre que certaines chaînes de montagnes de l'Amérique du Nord présentaient des ressemblances géologiques avec celles d'Europe et que, comme l'avait pressenti Sir Francis Bacon 200 ans plus tôt, la ressemblance entre les continents n'était « pas un phénomène purement fortuit ». Il intervint auprès de ses savants collègues pour que se développent les recherches sur la signification de ce découpage des continents : « Nous étudions les pierres et nous négligeons les montagnes ; nous avons les matériaux mais nous ignorons pratiquement comment ils s'assemblent », disait-il.

Spécimens de botanique, sextants et loupes sont entassés, sur une table mal équarrie, dans le campement qu'Alexandre von Humboldt *(assis)* et Aimé Bonpland ont établi au milieu de la jungle. Ce tableau, d'inspiration romantique, évoque leur expédition scientifique de 1799-1804 en Amérique du Sud. Les observations géologiques qu'ils effectuèrent convainquirent Humboldt de l'existence antérieure d'une connexion terrestre entre l'Amérique du Sud et l'Afrique.

Malheureusement, Humboldt tira des témoignages qu'il avait rassemblés une conclusion erronée : l'océan Atlantique, pensait-il, « n'était qu'une vallée », creusée par l'érosion et remplie par les eaux du Déluge. Sa théorie fut bientôt complètement discréditée dans les milieux scientifiques, de plus en plus convaincus par les arguments de James Hutton que la topographie de la terre n'était pas le résultat d'anciens cataclysmes mais celui de processus géologiques semblables à ceux que l'homme moderne pouvait encore observer.

Revenu de ses expéditions, Humboldt consacra les 25 dernières années de sa vie à écrire *Kosmos,* l'un des ouvrages scientifiques les plus ambitieux jamais publiés. En cinq volumes, il donnait un tableau intégral du monde matériel, enrichi de toutes les connaissances géologiques de l'époque. Ce travail, l'aboutissement de toutes ses recherches pour parvenir à une vue d'ensemble des problèmes géologiques, conduisait Humboldt à des spéculations d'une grande portée pour les sciences de la terre.

Peu après qu'Humboldt eut présenté sa théorie sur l'origine de l'océan Atlantique, un éminent biologiste français, Jean-Baptiste Lamarck, exposait sa propre hypothèse sur l'histoire de la planète, expliquant la présence sur les terres d'un aussi grand nombre de fossiles marins. Selon lui, une sorte de migration continentale se produisait autour du globe, sur des périodes d'une durée presque « inconcevable », les continents étant affouillés par les marées sur leurs côtes orientales, tandis que des dépôts sédimentaires les agrandissaient au même rythme le long de leurs côtes occidentales. Ainsi, tandis que les continents n'étaient animés par eux-mêmes d'aucun mouvement, les océans avaient décrit un certain nombre de circonférences complètes du globe et, depuis la nuit des temps, ils avaient remodelé tous les terres émergées, non pas une fois mais plusieurs fois.

Comme Hutton, Lamarck accordait une importance considérable à l'immensité du temps ; il écrit : « Le temps ne signifie rien et ne constitue pas une difficulté pour la nature. Il est toujours à sa disposition et représente une puissance illimitée dont elle se sert pour réaliser les plus grandes et les plus petites tâches. » La théorie de Lamarck qui ne reposait sur aucune donnée objective ne suscita aucun enthousiasme dans le monde scientifique et son livre, *Hydrogéologie,* ne trouva pas d'éditeur. En 1802, décidé à diffuser son œuvre, Lamarck en fit imprimer 1025 exemplaires à ses frais mais, à sa grande déconvenue, presque tous restèrent invendus. Il mourut aveugle et pauvre à Paris en 1829 et ses livres furent plus tard vendus aux enchères.

Un juriste anglais, Sir Charles Lyell, fut plus heureux que Lamarck dans la publication de ses thèses. Né en novembre 1797, dans une famille aisée en Écosse, il s'intéressa dès son plus jeune âge aux sciences naturelles ; encore écolier il avait réuni une remarquable collection de papillons et d'insectes aquatiques. Il fit ensuite de bonnes études classiques à Oxford, sans cesser pour autant de se passionner pour tout ce qui touchait à la géologie. Diplômé d'Oxford, Lyell poursuivit à Londres des études de droit, mais une faiblesse croissante de la vue lui rendait la lecture difficile et il se consacra de plus en plus aux recherches géologiques. En 1825 — année même où il fut admis au barreau —, il publia une première étude sur les formations calcaires en eau douce. D'autres publications scientifiques suivirent et, en 1927, il abandonna ses activités de juriste au profit de la géologie.

Lyell croyait, comme Hutton, que chaque élément de la planète était le résultat d'un processus naturel encore à l'œuvre et il fut un inlassable voyageur à l'affût de preuves irréfutables. Sa curiosité fut particulièrement

Médaille commémorant la publication en 1847 du cinquième volume de *Kosmos,* le traité scientifique de Humboldt. Entouré de symboles astrologiques, le Génie dévoile la Nature.

Le « Gouffre du Colorado », tableau de Thomas Moran, exécuté à la demande de John Wesley Powell et achevé en 1874. En peignant le canyon sous l'orage, Moran tenta de faire partager une impression de crainte mystérieuse qu'il sentait absente des descriptions géologiques de Powell.

L'INSOLITE VALLÉE AFRICAINE

A la fin du XIXe siècle, les comptes rendus envoyés en Europe par les explorateurs du continent africain révélèrent l'existence d'une étrange vallée allant du sud de la mer Rouge jusqu'au Mozambique, à 4000 km de là. Elle était bordée de murailles escarpées, souvent hautes de plus de 600 mètres et comme fracturées, et des lacs pris au piège, sans aucune communication avec la mer, s'étendaient sur un territoire bouillonnant d'activité volcanique. Une semblable vallée ne pouvait avoir été creusée par l'érosion. Il y avait là une énigme géologique apparemment créée par de mystérieux déplacements de la planète à grande échelle.

En 1893, un Écossais, John Walter Gregory, fut le premier géologue à explorer la Great Rift Valley, ainsi nommée par lui. Il reconnut très vite que cette dépression large de 50 km ne pouvait pas avoir été découpée par les eaux et déclara : « Les rivières de la vallée du rift sont l'ouvrage de la vallée pré-existante. » En revanche, Gregory supposait que des tensions souterraines avaient fracturé la terre suivant deux lignes parallèles tandis que la bande de terre intermédiaire s'était effondrée.

Des indices d'activités géologiques comme les séismes, les coulées de lave et les sources thermales confirment que l'effondrement qui ouvrit la vallée du rift il y a 20 millions d'années évolue encore de nos jours. Et les géologues estiment que les forces qui l'élargissent d'un millimètre environ par an sont les mêmes que celles ayant donné forme à la plupart des caractéristiques de la surface terrestre.

Le grand rift qui s'étend sur 24000 kilomètres, de la mer Rouge à la Tanzanie *(carte)*, balafre le visage de l'Afrique de l'Est. Au Kenya, au lieu dit la Porte de l'Enfer *(à gauche)*, les parois du rift, hautes de près de 200 mètres portent les cicatrices de la fracture qui abaisse le sol de la vallée.

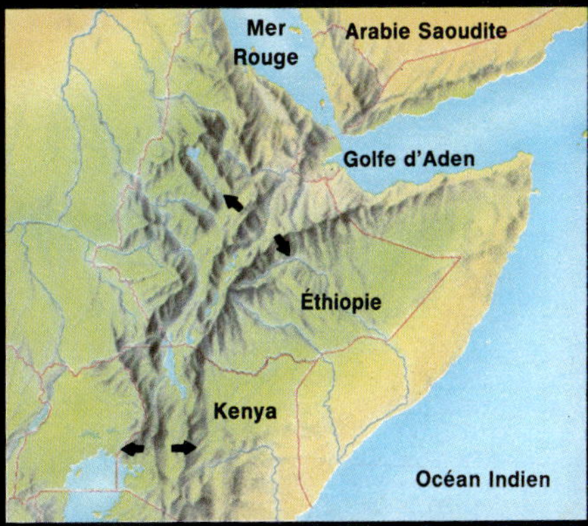

Le lac Natron s'étend sur 1025 kilomètres carrés dans le fond de la vallée du rift, à la frontière du Kenya et de la Tanzanie. Ses rives incrustées de soude et ses eaux colorées de rouge par les algues dégagent une impression sinistre. Des volutes de soude se desséchant à la surface marquent les remontées des sources chaudes dont l'eau, chargée de minéraux caustiques, jaillit dans le lac.

Dans la dépression Danakile, une étendue désertique située à l'extrémité nord de la vallée du rift, le sel teinté par divers composés ferrugineux a façonné en se déposant cette cascade colorée de tons différents. Les eaux salées de nombreuses sources volcaniques, en s'évaporant sous l'effet de la chaleur du désert, laissent de telles formations.

Des marécages salés entourent une mare de saumure dans la dépression Danakile qui fut jadis un bras de la mer Rouge. Isolé par les mouvements de la terre qui créèrent le rift, le Danakile s'est depuis asséché et progressivement transformé en un immense marécage salé.

Dans la dépression Danakile, des crevasses se forment à la surface de la lave en cours de refroidissement. Alimenté par le processus qui élargit le grand rift, ce lac de lave remplit le plus grand des deux cratères *(cartouche, ci-contre).*

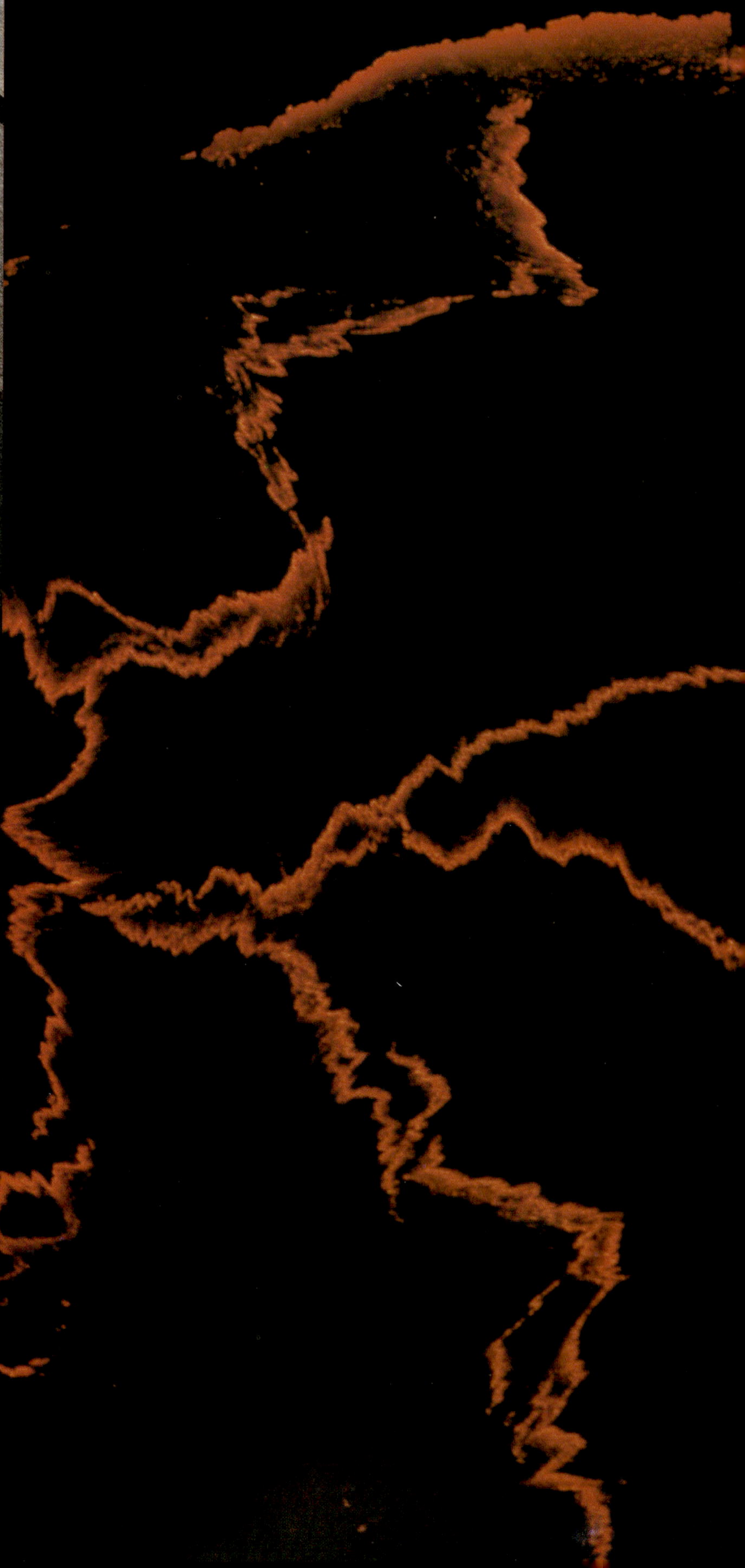

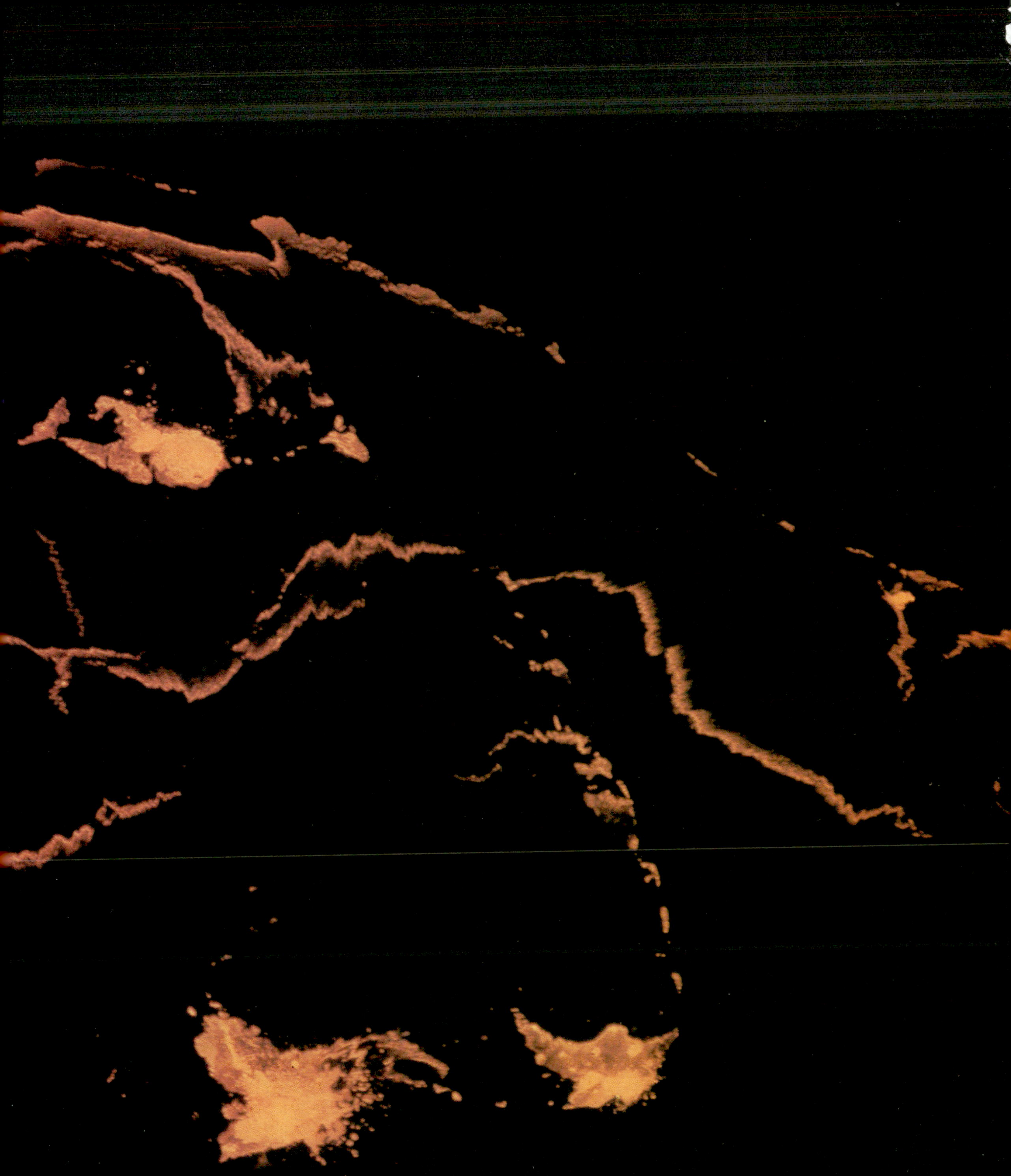

Chapitre 2

"UNE HYPOTHÈSE IRRECEVABLE"

En 1911, par une journée d'automne, Alfred Wegener, un professeur d'astronomie de 31 ans, feuilletait les ouvrages de la bibliothèque de l'université de Marburg en Allemagne lorsqu'il aperçut par hasard un article scientifique exposant comment l'Afrique et le Brésil auraient été, autrefois, reliés l'un à l'autre. L'existence de connexions antérieures entre des continents éloignés de nos jours était pour Wegener un thème familier de réflexion, mais les preuves ici énumérées — description de fossiles identiques de plantes et d'animaux qui ne pouvaient avoir traversé un océan et que l'on trouvait pourtant sur les deux rivages de l'Atlantique — lui causèrent un choc. Ces informations le passionnèrent tant qu'il se mit à rechercher tous les documents pouvant lui fournir des éléments complémentaires et, presque à son insu, l'examen des rayonnages de bibliothèque se transforma pour lui en obsession.

A mesure que Wegener acquérait davantage de connaissances sur des animaux aussi différents que les singes et les escargots, sur des plantes aussi dissemblables que les fougères et les bruyères, sur des terres aussi éloignées que l'Afrique et l'Amérique du Sud, ou l'Europe et l'Amérique du Nord, il revenait à des hypothèses déjà envisagées. Après bien d'autres savants, Wegener avait remarqué comment les côtes atlantiques de l'Afrique et de l'Amérique du Sud paraissaient pouvoir s'emboîter et il s'était un instant demandé si ces deux continents n'avaient pas été jadis une seule masse de terre. Mais admettre qu'ils aient pu se déplacer sur une distance égale à la largeur de l'Atlantique semblait tellement fantastique qu'il avait écarté cette idée. Cependant, les témoignages qu'il avait maintenant sous les yeux étaient loin de plaider en faveur de la deuxième théorie : l'existence, autrefois, d'étroites passerelles terrestres entre les continents ; ils paraissaient tout au contraire confirmer — comme Wegener l'avait entrevu de manière intuitive — que les continents jadis réunis s'étaient un jour séparés pour partir à la dérive. « J'eus alors la conviction de la justesse fondamentale de ma première hypothèse », écrivit-il.

Cette conviction s'étant enracinée en lui, Wegener s'en fit le porte-parole et l'avocat ; comment il l'approfondit et la défendit, comment il parvint, après une longue route, à faire triompher la théorie après qu'elle eut failli tomber dans l'oubli constitue l'une des plus belles histoires de la science. Sans avoir reçu la formation d'un spécialiste dans le domaine précis où il s'aventurait, uniquement poussé par son intuition, au début tout au moins, Wegener allait échafauder une hypothèse d'ensemble qui devait modifier complètement la vision de la terre et de son évolution pour les géologues, les géophysiciens et les paléontologues, et qui allait élargir et enrichir les champs de la biologie, de

La masse d'un iceberg s'élève au-dessus d'une mer calme, au large de la côte du Groenland. Entre 1906 et 1930, Alfred Wegener prit part à trois expéditions dans cette région désolée et il n'est pas impossible que les majestueuses migrations des icebergs aient pu lui inspirer sa remarquable hypothèse de la dérive des continents.

Sur l'île de Heimaey, au large de la côte sud de l'Islande, une éruption eut lieu en 1973, et ses laves, en se refroidissant, formèrent une croûte sur le sol. Des gaz chargés de composés sulfurés s'échappèrent par les fissures et, au contact de l'air froid, certains de ses composés se déposèrent sur la lave, lui donnant une teinte d'un jaune clair.

Les sources thermales situées à 80 km à l'est de Reykjavik, chauffées à grande profondeur par des roches en fusion, produisent des nuages de vapeur. Distribuées par pompage, les eaux provenant de nombreuses sources chaudes analogues procurent un chauffage gratuit à plus de la moitié de la population de l'Islande.

Les pay
contras
glace et
d'eau c
jaillir d

Ce rift qui s'étend sur plusieurs kilomètres dans le sud de l'Islande témoigne des forces en action le long de la dorsale médio-atlantique, à la frontière entre les plaques tectoniques de l'Amérique du Nord et de l'Eurasie. Les parois déchiquetées qui forment maintenant les rives de ce cours d'eau étaient autrefois jointes ; elles s'écartèrent progressivement, entraînées par le déplacement irrésistible des plaques.

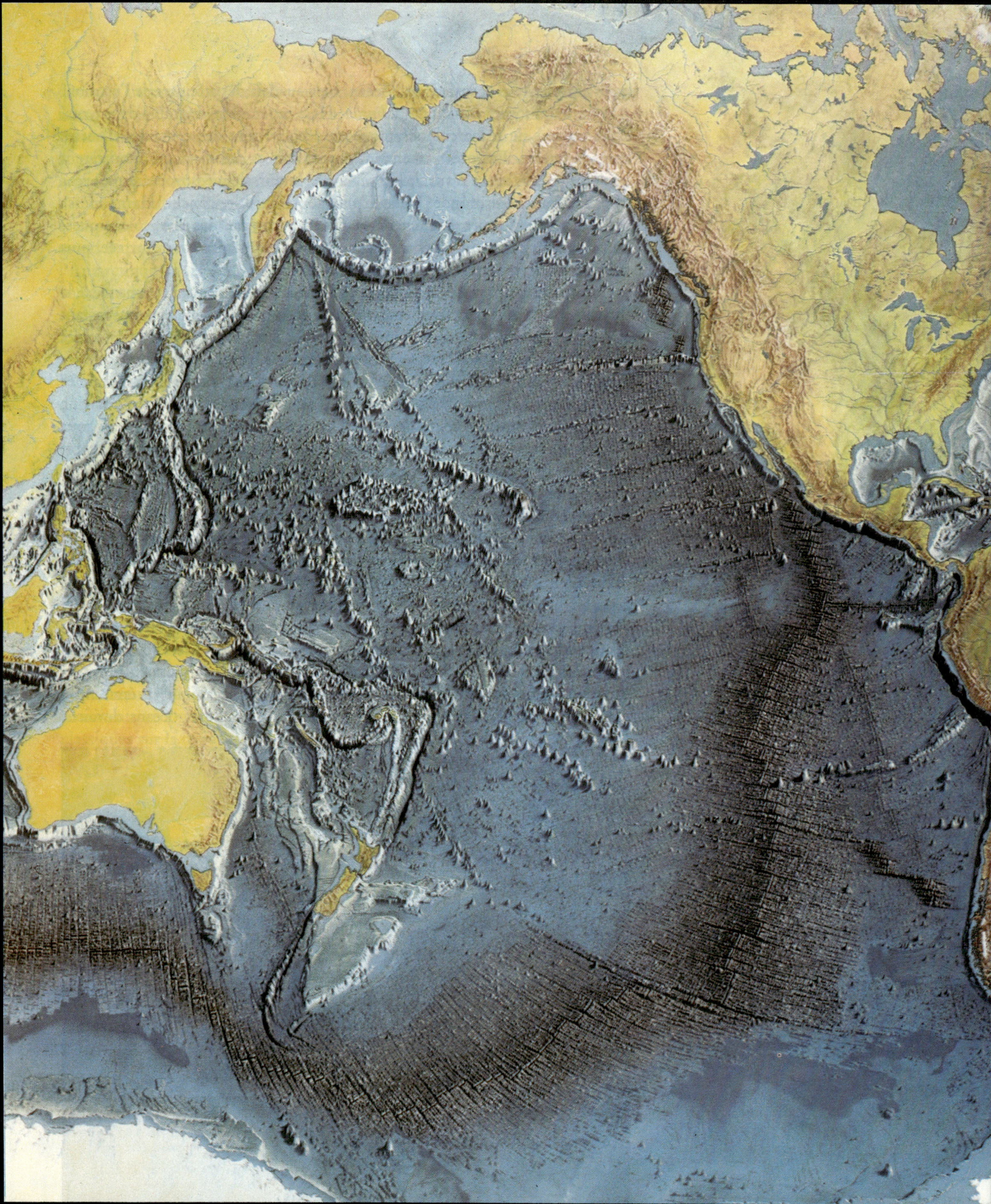

La célèbre carte tracée par Marie Tharp et Bruce Heezen en 1977 montre dans toute son ampleur majestueuse — 64 000 kilomètres — la dorsale médio-océanique.

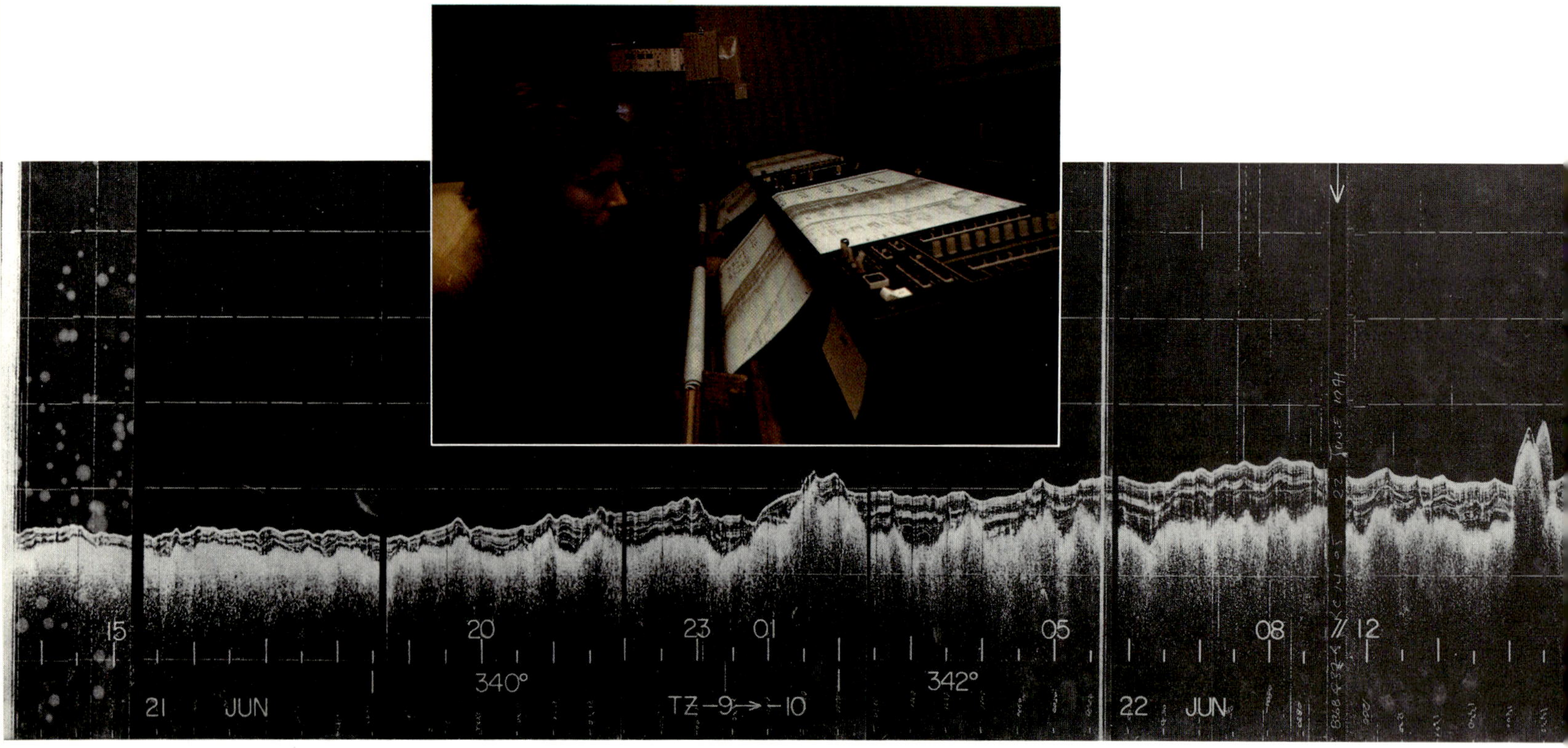

Le tracé continu des fonds océaniques au nord du Japon révèle la fosse des Kouriles de 8840 mètres de profondeur *(à droite)* dans laquelle la plaque du Pacifique *(ci-dessus)* — dont les couches sédimentaires sont nettement visibles — plonge sous la plaque eurasienne. De tels relevés sont obtenus en filmant, avec un appareil identique à celui qui se trouvait en fonctionnement à bord du *Glomar Challenger* en 1980 *(cartouche)*, l'enregistrement continu des ondes sismiques réfléchies par les matériaux du fond de la mer.

que la grande masse continentale se déplaçait progressivement vers le nord.

Le monde scientifique ne se laissa pas particulièrement impressionner par ces résultats, cela pour une bonne raison — le paléomagnétisme n'était pas et n'est toujours pas une science exacte. Les roches sont, en effet, des enregistreurs peu sûrs du champ magnétique ; l'interprétation de leurs secrets exige de nombreux tests et laisse une grande place à l'erreur. Beaucoup de savants pensèrent que les preuves paléomagnétiques de la dérive des continents reposaient sur un échantillonnage insuffisant et des mesures imprécises.

Il était normal de se méfier des arguments paléomagnétiques lorsqu'ils amenaient à des conclusions aussi peu vraisemblables que celle d'une inversion du champ magnétique survenu jadis, intervertissant les pôles Nord et Sud. Cette idée, cependant, commença à être prise au sérieux au début des années 1960, à la suite des travaux de trois scientifiques de l'U.S. Geological Survey. Allan Cox, Richard Doell et Brent Dalrymple avaient étudié des tonnes de roches dans le monde entier grâce aux méthodes de datation radioactives les plus récentes. Ils identifièrent neuf inversions du magnétisme durant les trois derniers millions d'années. Plus tard, de nouvelles études paléomagnétiques montreraient que les polarités du globe terrestre s'étaient inversées au moins 171 fois au cours des derniers 76 millions d'années. Personne ne connaît avec certitude la cause de ces inversions, mais il est probable qu'elles résultent de perturbations dans le noyau en fusion.

Le processus de ces changements de polarité s'étend sur des périodes de 5000 à 10000 ans, tandis qu'une fois l'inversion effectuée la polarité reste la même pendant un million d'années au moins. On ignore si un autre cycle commencera dans un proche avenir (géologiquement parlant) ; ces phénomènes se sont produits si irrégulièrement qu'il est impossible d'établir des prévisions. De toute manière, l'inversion ne poserait guère de problèmes aux navigateurs ; il leur suffirait de modifier leurs compas pour compenser les changements progressifs résultant de l'inversion.

De nouvelles découvertes sur le fond des océans firent apparaître d'autres mystères magnétiques. Au milieu des années 1950, un navire de recherches océanographiques du gouvernement américain avait effectué le relevé détaillé

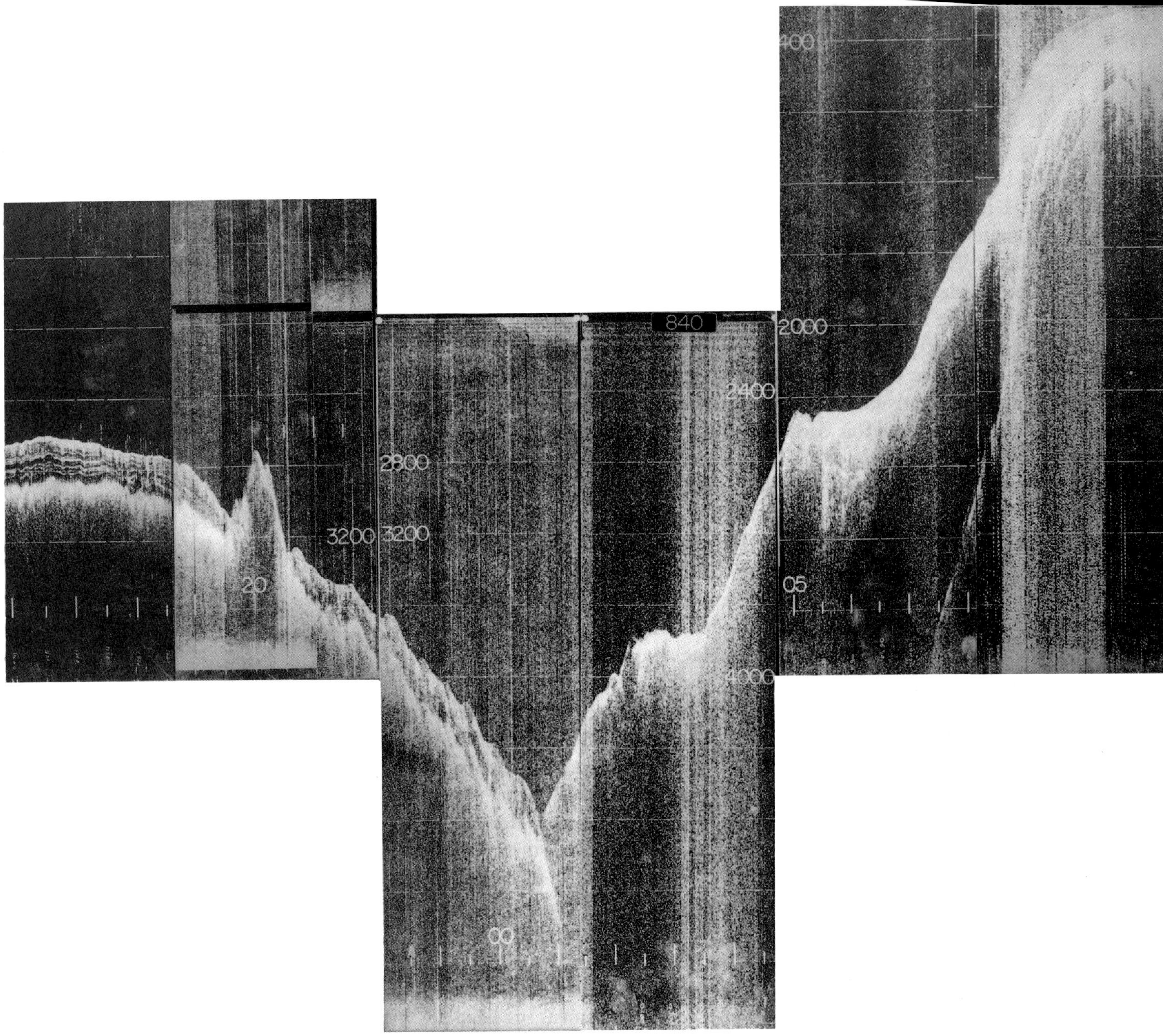

d'un secteur de 715 000 km² dans le nord-est du Pacifique ; il avait suivi des routes parallèles, distantes de cinq milles marins, en remorquant un « magfish » — un appareil, ressemblant à une torpille, utilisé pour mesurer l'intensité du champ magnétique terrestre. Arthur Raff, de la Scripps Institution of Oceanography de Californie, et Ronald Mason, un scientifique anglais invité par la Scripps, passèrent des mois à collationner les mesures prises par le magnétomètre. Ils aperçurent peu à peu un curieux ensemble de bandes parallèles dotées d'une intensité magnétique alternativement forte ou faible. Bande après bande, toute la surface du secteur de recherche fut finalement recouverte d'un étonnant réseau zébré, sensiblement parallèle à la côte ; plus tard, de nouveaux relevés fournirent des réseaux magnétiques analogues dans des secteurs voisins du Pacifique. Personne n'avait jamais rien vu de tel auparavant et on ne savait comment interpréter ces résultats.

En Angleterre, à l'université de Cambridge, la présence de Sir Edward Bullard — le découvreur du flux thermique anormalement élevé émis par la dorsale atlantique — avait attiré une équipe de jeunes scientifiques désireux de poursuivre des recherches sur la question de la dérive des continents. Parmi eux se trouvaient Frederick J. Vine, un géologue diplômé et son directeur d'études, Drummond Matthews, qui, en 1961, avait soutenu une thèse de

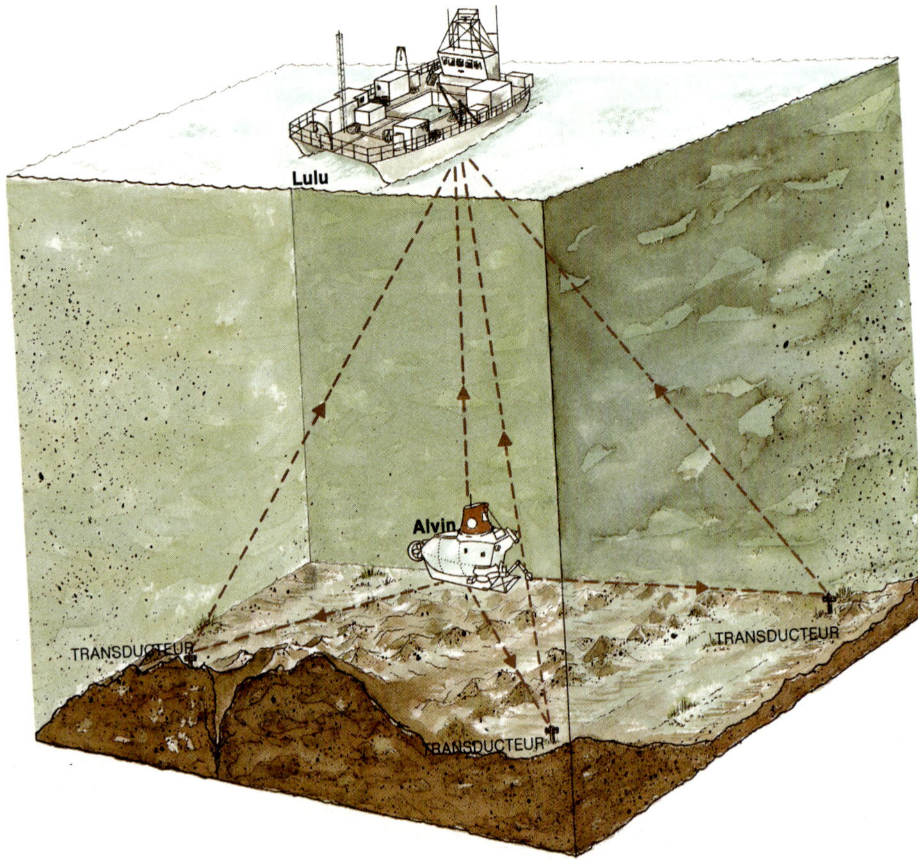

Dans la nuit totale des profondeurs sous-marines, à trois kilomètres de la surface *(croquis)*, l'*Alvin* dépend du *Lulu* pour connaître sa position. Des signaux sonores, appelés «tops» et émis par le sous-marin, s'acheminent, soit directement vers le navire gigogne, soit par l'intermédiaire de transducteurs ancrés sur le fond. En comparant les temps de parcours des «tops», l'ordinateur du *Lulu* situe l'*Alvin* à quelque 6 mètres près.

En remplissant d'eau ses ballasts, l'*Alvin* plonge en direction du fond *(cartouche à droite)*. Une fois le sous-marin sur le fond, le pilote *(à droite)* prend la veille devant le hublot principal tandis que, derrière lui, deux autres scientifiques observent l'extérieur par les hublots latéraux.

Depuis le poste de contrôle du navire gigogne, un océanographe s'entretient par téléphone acoustique avec le pilote de l'*Alvin*. Par mesure de sécurité, les deux bâtiments observent une liaison au moins toutes les demi-heures durant les plongées.

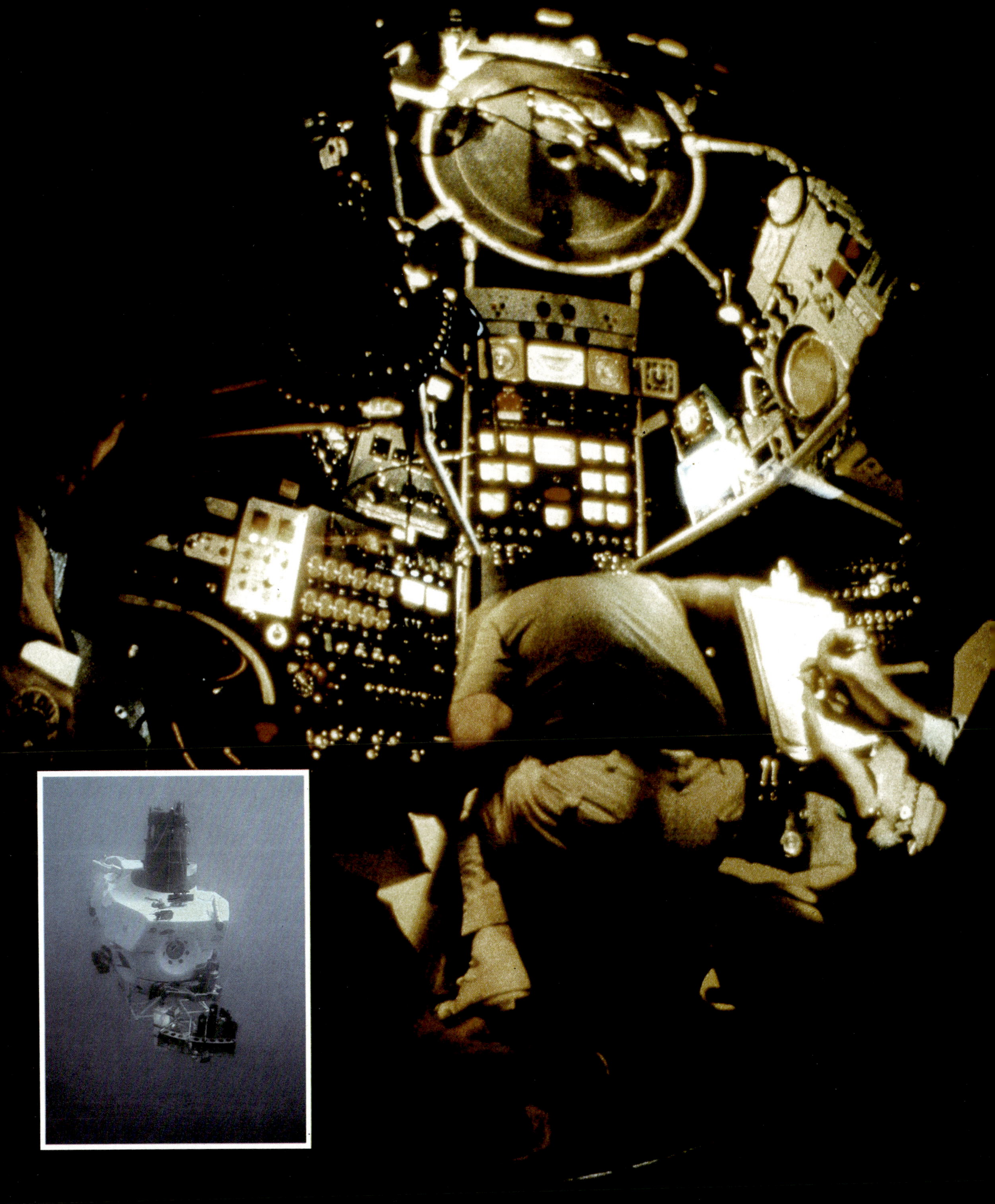

Lave en forme de meule de foin

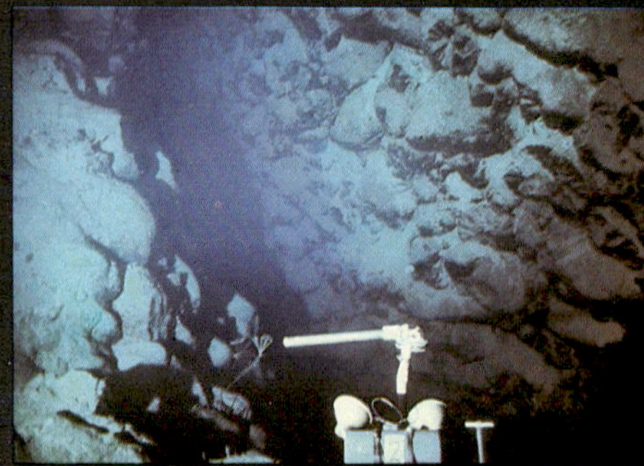

Lave en bordure d'un rift

Lave en coussin

Un certain nombre de photographies prises en 1974 par les caméras de l'*Alvin* renseignent sur les étranges formations découvertes au fond de l'océan au voisinage de la dorsale médio-atlantique. Se développant au moment où la lave en fusion se durcit au contact du froid des profondeurs océaniques, ces extrusions fournissent la preuve du renouvellement du fond de la mer.

La progression tranquille de l'*Alvin* sur le fond de la mer, par 3000 mètres de profondeur, a été photographiée par une caméra commandée à distance. Le bras mécanique, à l'avant de l'étrave, prélève des échantillons de roches et les dépose dans l'un des casiers de son panier hexagonal.

Fleurissant dans l'obscurité, sur le rift des Galapagos, cette « dent de lion », longue de 5 cm, est une espèce animale voisine de la physalie. Ses organes, semblables à des pétales, entourent une poche à gaz centrale qui lui procure sa flottabilité.

Une gerbe de vers énormes, certains mesurant 3 m de long, s'épanouit près d'une fissure sous-marine aux Galapagos. Les tissus irrigués qui sortent des tubes blancs filtrent les sulfures de l'eau de mer, élaborant ainsi une nourriture assimilable.

LA DYNAMIQUE DU GLOBE

La théorie de la tectonique des plaques a fourni une explication globale permettant de comprendre les mécanismes de l'évolution perpétuelle de la surface de la terre, et l'aspect éphémère, à l'échelle géologique, des chaînes de montagnes, apparemment immuables, des étendues océaniques et même des continents.

Cette théorie considère que la lithosphère, formée de la croûte terrestre et du manteau supérieur, constitue une mosaïque de plaques rigides mais sans cesse en mouvement. Ces plaques, épaisses de 50 à 150 km, dérivent à des vitesses et dans des directions variées sur les couches déformables du manteau, que l'on appelle asthénosphère. En se déplaçant, elles convergent, se séparent ou glissent les unes contre les autres.

Les frontières de plaques parcourent continents et océans qui les dissimulent mais les amples phénomènes géologiques qui se produisent le long de ces frontières les révèlent. Là où des plaques se sont affrontées, des montagnes et des volcans ont souvent surgi. Là où où elles se sont séparées, des océans sont nés, et partout où elles frottent les unes contre les autres, elles sont ébranlées par des séismes.

Les plaques qui forment le fond des mers se renouvellent constamment le long des dorsales médio-océaniques qui ceinturent le globe. C'est là que le magma basaltique, provenant des profondeurs, s'écoule sur le plancher océanique. Refroidi par la mer, il se solidifie et il est entraîné des deux côtés du rift *(ci-dessous)*.

Cependant des plaques se consument dans le manteau au niveau des zones de subduction marquées par les grandes fosses océaniques. A des profondeurs de 70 à 130 km, la croûte entre en fusion et le magma formé, remontant dans la plaque chevauchante, crée une chaîne volcanique.

Bien que la croûte continentale soit 5 à 10 fois plus épaisse que la croûte océanique, elle est beaucoup moins dense et, de ce fait, résiste bien plus à la subduction ; lorsque des continents se heurtent, leurs bords, en se repliant, élèvent de puissantes chaînes de montagnes.

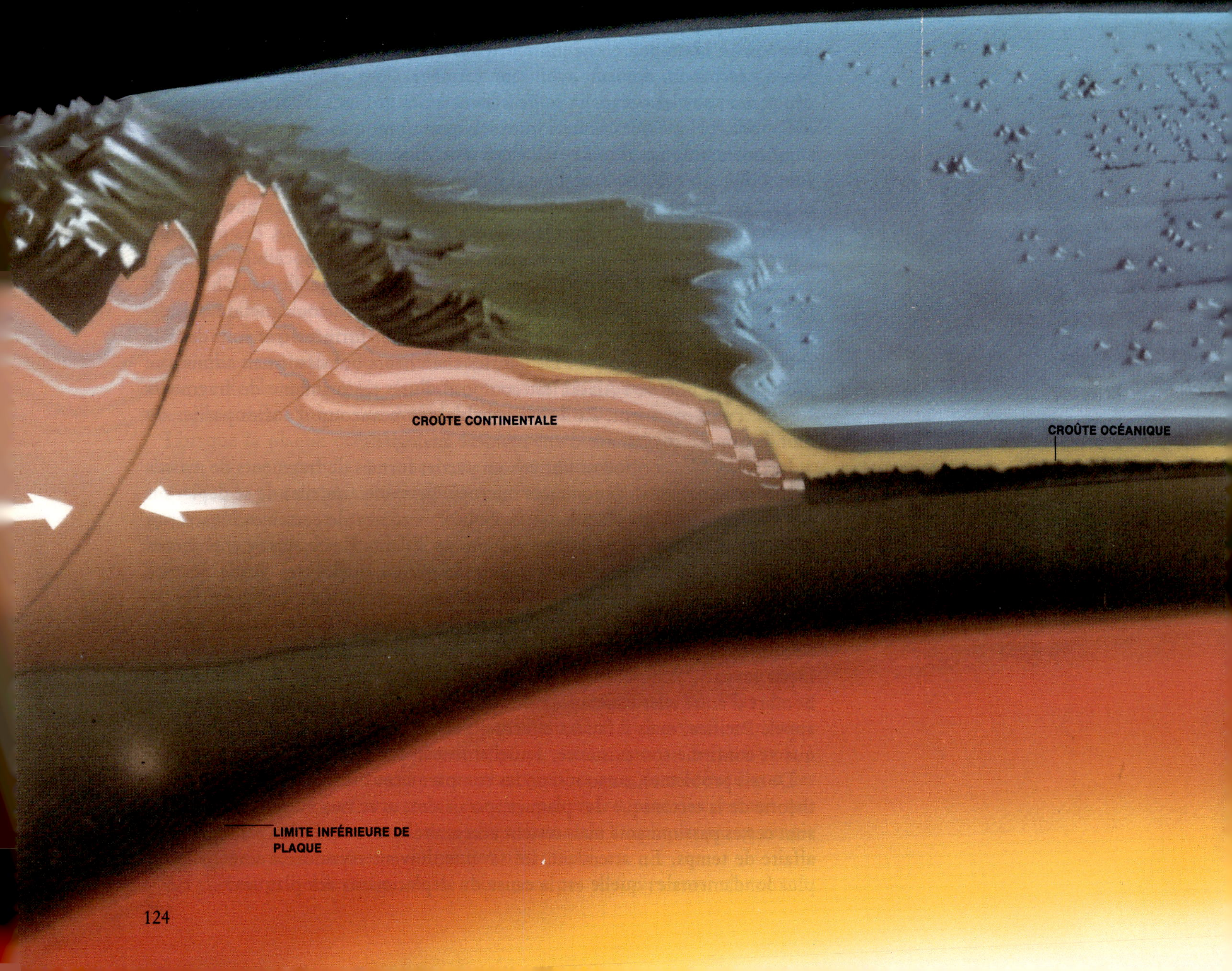

Cette vue en coupe montre la façon dont les mouvements tectoniques renouvellent et remodèlent continuellement la surface de la terre. A droite, le fond de la mer — créé par un rift océanique — s'étend en direction d'une fosse de subduction, et la descente de la plaque dans l'asthénosphère en fusion est matérialisée par des volcans. A gauche, des plaques porteuses de continents entrent en collision et forment des montagnes.

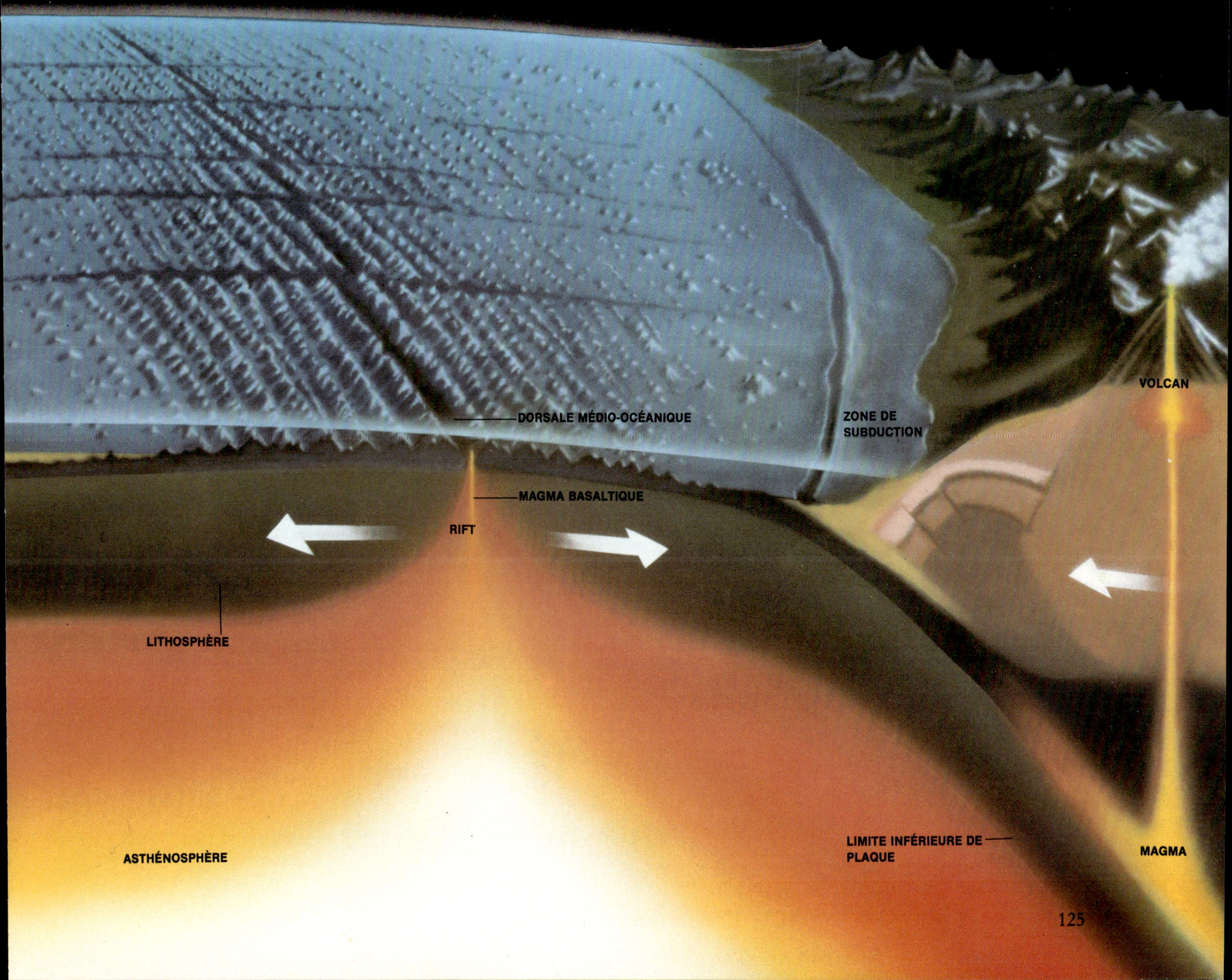

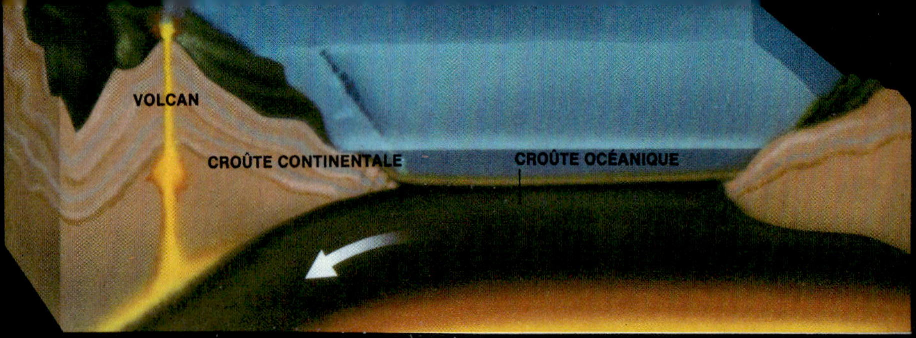

Lorsqu'un fossé se forme sous les bords d'un continent, la fusion de la plaque océanique crée des volcans dans la plaque chevauchante.

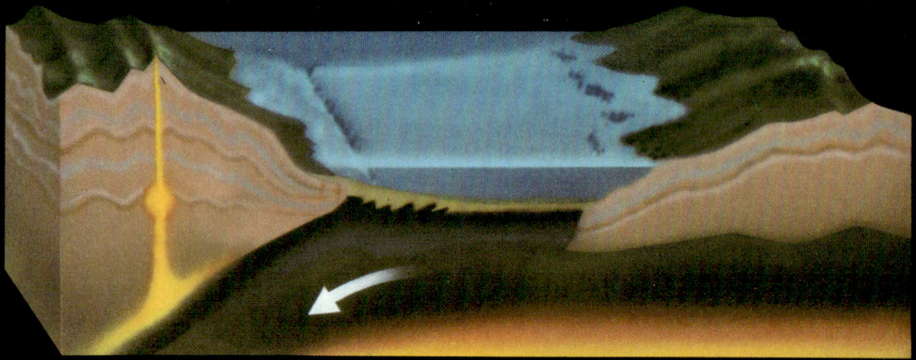

Lorsqu'un océan se rétrécit progressivement et qu'approche un autre continent, le processus de subduction s'accélère, augmentant l'activité volcanique et sismique qui l'accompagne.

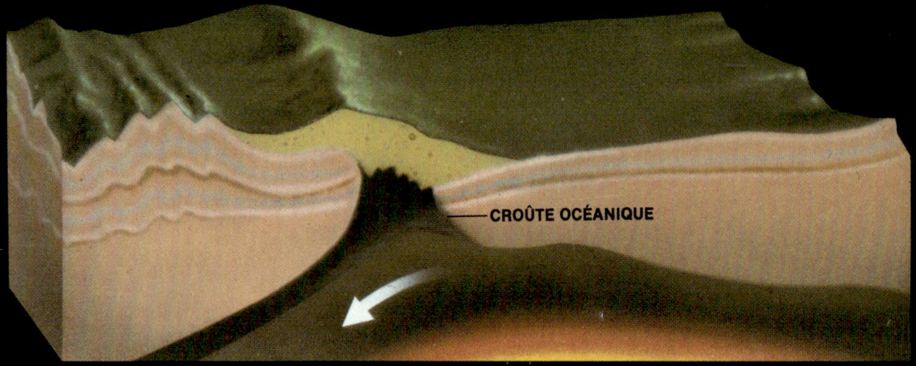

Finalement l'océan disparaît et les continents entrent en collision. Des fragments déformés de croûte océanique et des tranches de sédiments sont plaqués contre les bords des continents.

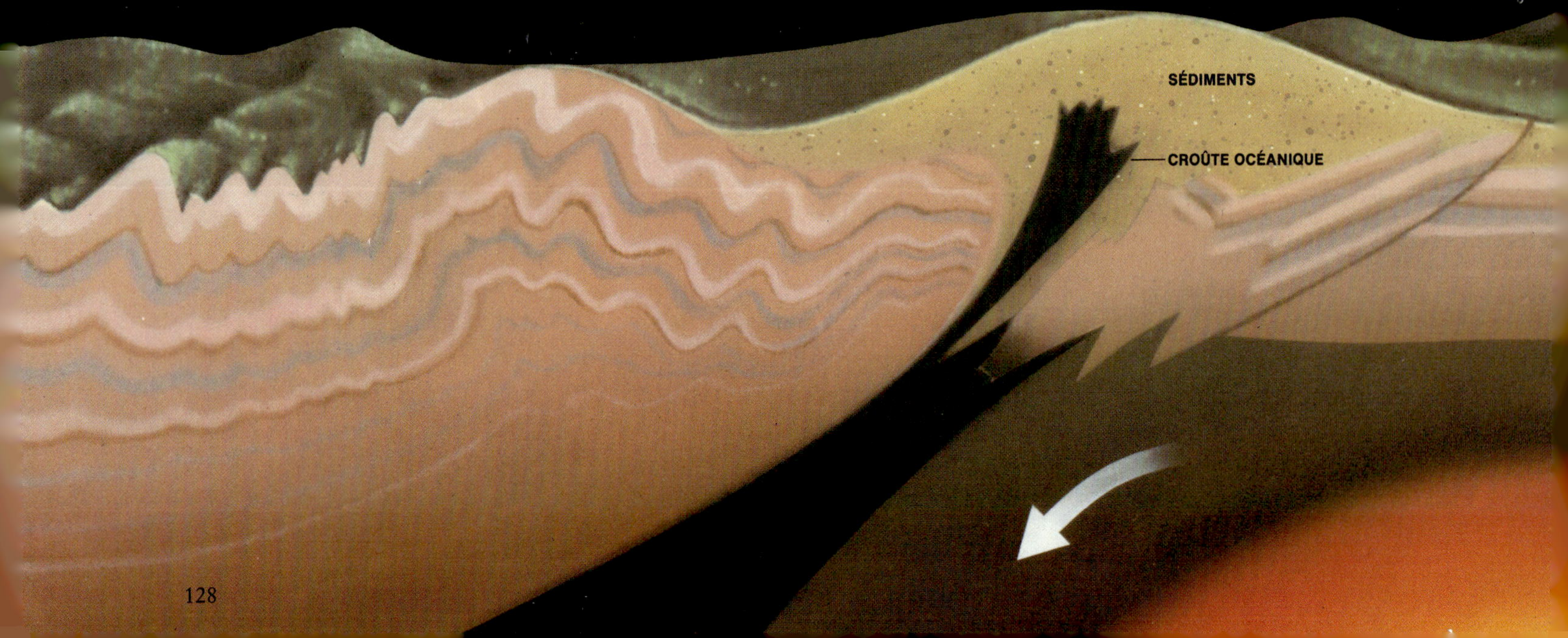